AF337541

NOUVEAUX
RENSEIGNEMENTS PRATIQUES
SUR LE PROCÉDÉ
DE
PHOTOGRAPHIE SUR PAPIER
DE M. BLANQUART-ÉVRARD.

Le procédé de photographie sur papier, publié récemment par M. Blanquart-Évrard (1), a fait une certaine sensation dans le monde scientifique et artistique. Une commission mixte, prise au sein de l'Académie des beaux-arts et de l'Académie des sciences, a été appelée à se prononcer sur le mérite de cette découverte, et les heureux résultats obtenus par M. Blanquart en présence même de cette commission, ne pouvaient manquer de provoquer de sa part un rapport favorable. La photographie sur papier vient donc de recevoir une impulsion décisive, et l'on peut désormais lui prédire un brillant avenir.

Cependant on aurait tort de croire qu'à l'exemple de quelques personnes nous regardions le nouveau procédé (2) comme appelé à supplanter la merveilleuse découverte de Daguerre. Une pareille prétention serait exagérée. En effet, loin d'être rivales et exclusives l'une de l'autre, la photographie sur papier et celle sur métal constituent deux arts en quelque sorte parallèles, et destinés à se prêter un mutuel secours. Chacun d'eux a ses propriétés, ses avantages, comme aussi ses inconvénients particuliers. Tous deux sont susceptibles d'applications qui, par leur variété infinie, peuvent satisfaire aux exigences et aux besoins de toutes les classes d'amateurs. Ainsi, les personnes sédentaires, celles qui font du daguerréotype une spéculation, celles qui tiennent avant tout à une précision et à une netteté rigoureuses, conserveront sans doute l'usage des plaques métalliques; mais les voyageurs, les artistes, tous ceux en un mot qui, envisageant la photographie sous son véritable point de vue, ne recherchent pas dans les épreuves daguerriennes un résultat définitif, mais plutôt un sujet d'intéressantes études, une collection de souvenirs agréables ou de matériaux utiles pour leurs travaux ultérieurs, donneront la préférence à la photographie sur papier.

En effet, c'est une erreur grave et malheureusement trop commune que de prétendre trouver un objet d'art dans une épreuve daguerrienne, comme si l'art pouvait prendre naissance sous l'influence d'une machine, et résider dans une œuvre que le génie de l'artiste n'a pas vivifiée de son souffle divin. Ne serait-ce pas plutôt ici la réalisation de la fable de Prométhée : la perfection de la forme inhabile à suppléer à l'absence de la vie?

Quoi qu'il en soit, et malgré les imperfections qui s'attachent à une découverte encore dans son enfance, les sympathies des artistes et celles de toutes les personnes de goût, sont dès à présent acquises à la photographie sur papier; et s'il fallait justifier cette préférence, on en trouverait facilement les motifs dans une simple comparaison entre les deux procédés.

Les avantages incontestables de la photographie sur métal consistent surtout dans cette admirable dégradation de teintes, dans cette perfection de modelé, dans cette incroyable finesse de trait qui permettent d'apercevoir les plus petits détails, sans cependant nuire à l'effet d'ensemble des masses. Mais, pour arriver à un résultat irréprochable, que de tâtonnements, que de déceptions!... Ne faut-il pas lutter sans cesse contre la capricieuse inconstance des substances chimiques? Et lorsqu'à force de travail et de persévérance on croit les avoir domptées, n'arrive-t-il pas souvent une série d'insuccès dont

(1) Voir le *Technologiste*, N° de mars 1847, page 257.

(2) Nous l'appelons *nouveau* pour nous conformer aux idées reçues, car, ainsi que nous l'avons démontré dans le N° du *Technologiste* déjà cité, la photographie sur papier est contemporaine de la découverte de Daguerre.

NOUVEAUX RENSEIGNEMENTS PRATIQUES

SUR LE PROCÉDÉ

DE

PHOTOGRAPHIE SUR PAPIER,

DE M. BLANQUART-ÉVRARD;

PAR É. DE VALICOURT.

PARIS,

À LA LIBRAIRIE ENCYCLOPÉDIQUE DE RORET,

RUE HAUTEFEUILLE, 10 *bis.*

1847

la cause échappe à toutes les recherches? Je ne parle pas ici de la lenteur et des difficultés du polissage, de l'imperfection trop fréquente du plaqué, des inconvénients du miroitage... Lorsqu'on réfléchit à tous ces obstacles, on est forcé de convenir avec tous les photographistes de bonne foi que dans le procédé sur métal une épreuve complétement réussie est une exception, même entre les mains des plus habiles. Supposons cependant que favorisé par un hasard heureux, ou, si l'on veut, qu'en vertu d'une habileté peu commune, on soit arrivé à produire fréquemment de belles épreuves, on n'aura toujours obtenu que des *types uniques*, dont la reproduction fidèle ne peut avoir lieu par aucun moyen connu.

La photographie sur papier, nous sommes les premiers à en convenir, ne présente ni cette pureté de lignes, ni cette netteté de contours qui distinguent à un si haut degré les épreuves métalliques. Quoique d'importantes améliorations aient déjà été obtenues sous ce rapport, il est à craindre que la nature poreuse du papier, le peu d'homogénéité de sa pâte, et son extension inégale dans les différentes immersions qu'on lui fait subir, ne s'opposent encore longtemps à la production d'épreuves tout à fait irréprochables. Mais à part cette imperfection, que nous ne cherchons pas à dissimuler, et qui disparaîtra le jour où l'on sera parvenu à fabriquer de bon papier photogénique, le nouveau procédé se présente encore sous des conditions assez favorables pour qu'on puisse l'accepter dès à présent dans l'état où il se trouve. Un de ses principaux avantages consiste dans l'extrême simplicité des manipulations chimiques, simplicité telle qu'elles deviennent praticables même pour les personnes les plus étrangères à la chimie. On n'a plus à craindre dès lors cette incertitude de succès, causée si fréquemment par la perturbation spontanée des combinaisons chimiques, et l'opération marche avec bien plus de certitude à une réussite presque toujours constante. Ajoutons à cela la suppression d'une grande partie de ce matériel, si bien nommé *bagage daguerrien*, la facilité de préparer le papier à l'avance, l'absence complète de miroitage, la faculté de reproduire les épreuves à un nombre illimité, et nous comprendrons facilement que la publication de M. Blanquart ait été accueillie, à son début avec une sorte d'enthousiasme.

Aussitôt on se mit à l'œuvre de toutes parts, mais les premiers essais ne furent pas encourageants; ils étaient en quelque sorte paralysés par le manque de renseignements suffisants. Loin de nous cependant la pensée que M. Blanquart ait rien voulu celer de son procédé ; nous avons été, au contraire, les premiers à proclamer la noble loyauté et le désintéressement qui ont présidé à sa publication (1). La note présentée par lui à l'Académie renferme donc toute la théorie du procédé ; mais dans cette note, rédigée pour des savants, l'auteur a peut-être un peu trop visé au mérite littéraire et scientifique, et cette préoccupation ne lui a pas permis d'entrer assez avant dans le détail des manipulations délicates et minutieuses qui assurent la réussite des opérations. Il fallait de plus, aux amateurs de photographie sur papier, un guide pour diriger leurs premiers pas dans la carrière, pour leur signaler les précautions à prendre et les écueils à éviter. Nous croyons donc remplir les intentions de M. Blanquart, qui désire avant tout la propagation la plus large de son procédé, en communiquant au public les observations que nous avons été à même de recueillir pendant le temps de notre collaboration avec lui.

La photographie sur papier n'est pas encore parvenue à son apogée ; il lui reste à faire des progrès pour arriver à la perfection où elle nous paraît appelée. Que chacun se mette donc à l'œuvre avec persévérance, et l'on arrivera sans aucun doute à des perfectionnements semblables à ceux qui ont enrichi successivement la découverte de Daguerre. Nous serions trop heureux, pour notre part, si nous avions ouvert la voie au progrès, en facilitant les débuts de ceux qui voudront se livrer à ces expériences attrayantes.

CHAPITRE PREMIER.

Des instruments et ustensiles nécessaires pour la photographie sur papier.

Qu'on ne s'attende pas à nous voir recommencer ici une longue dissertation sur la construction, les propriétés et les usages de la chambre noire. Nous laisserons MM. les opticiens décrire eux-mêmes les appareils plus ou moins ingénieux qu'ils ont imaginés, et terminer par la conclusion obligée :

____

(1) Voyez le *Technologiste*, Mars 1847.

Prenez mon ours. Nous supposerons le lecteur déjà pourvu d'un daguerréotype, et initié à la manœuvre des opérations photographiques; nous n'aurons plus alors qu'à signaler les modifications légères que doivent subir certaines parties de la chambre noire pour être appropriées aux usages de la photographie sur papier.

Il est cependant un point sur lequel nous devons appeler toute l'attention du lecteur. Les amateurs de photographie sont en général peu familiarisés avec les lois de l'optique, et même, parmi ceux qui en ont fait une étude spéciale, nous en avons vu un grand nombre adopter trop légèrement des objectifs de construction défectueuse, et dont tout le mérite réside dans une promptitude à laquelle on a sacrifié toutes les autres qualités. Le principal défaut de ces combinaisons consiste dans une répartition inégale de la lumière sur la surface qu'elle doit impressionner, et il en résulte une image fort nette, à la vérité, au centre du tableau, mais diffuse et mal éclairée sur les bords. Telle est la cause du peu de ressemblance que l'on a reproché avec justice à certains portraits photographiques, telle est surtout l'explication de ce manque de proportion et d'harmonie qui existe trop souvent entre les différentes parties du modèle. De si graves défauts ne pouvaient échapper au coup d'œil exercé des artistes, et il n'est pas étonnant que la plupart d'entre eux se soient montrés peu favorables à la photographie.

Ces inconvénients que l'on a peine à supporter dans la photographie ordinaire, deviennent tout à fait intolérables dans le procédé sur papier ; car, ainsi que nous l'avons déjà dit, il est dans la nature de ce procédé de manquer un peu de netteté; que sera-ce alors si ce défaut se trouve encore amplifié par les imperfections de l'objectif?

C'est donc avec raison que M. Blanquart a indiqué comme condition indispensable de réussite *l'emploi d'objectifs irréprochables et répartissant la lumière d'une manière égale sur toute l'étendue du tableau* (1).

Ainsi les objectifs de Vienne, et en général tous ceux qui *centralisent* la lumière sont tout à fait impropres à la photographie sur papier.

Nous avons fait suffisamment connaître, dans notre manuel de daguer-

réotypie (pages 392 à 398) (2), les qualités qui distinguent un bon objectif; nous n'y reviendrons pas ici pour ne pas grossir inutilement ce chapitre, et nous renverrons à cet ouvrage ceux de nos lecteurs qui désireraient étudier à fond les nombreuses et importantes questions qui se rattachent aux objectifs.

Passons maintenant aux modifications que les châssis ordinaires de la chambre noire doivent nécessairement subir pour devenir propres à la production des épreuves sur papier. On sait qu'une des conditions essentielles du procédé est d'opérer sur une feuille de papier humide, bien étendue, ne présentant aucun pli ni boursouflure, en un mot sur une surface parfaitement plane. Bien des méthodes ont été proposées pour arriver à ce résultat.

Les uns ont conseillé d'employer la planchette ordinaire du châssis en y faisant adhérer le papier photogénique sur une autre feuille de papier humectée à l'avance. Mais on comprend facilement que sous l'influence prolongée de l'humidité, le bois doit nécessairement se gauchir, se voiler, et dès lors le papier obéissant aux inflexions de la planchette, présente une surface courbe. Mais cet inconvénient n'est pas le seul. Il est bien difficile qu'après quelques expériences la solution d'azotate d'argent ne s'imprègne pas dans le bois, et il en résultera infailliblement des taches sur l'envers de l'épreuve, ce qui est un défaut capital.

D'autres ont proposé de remplacer la planchette par une ardoise, mais ils n'ont pas réfléchi que la nature poreuse de cette substance lui permet également d'absorber l'azotate d'argent, et qu'il est bien difficile de l'en débarrasser entièrement, même par un lavage fait avec soin. Ainsi une partie des inconvénients signalés dans l'usage de la planchette de bois subsiste encore avec l'ardoise.

Un troisième procédé consistait à substituer à la planchette une glace *unique,* sur laquelle on étendait le papier photogénique. C'était déjà une grande amélioration, mais ce n'était pas encore la perfection.

D'ailleurs, les partisans de ces divers systèmes l'avouent eux-mêmes, il n'est plus possible d'employer aucun de ces moyens lorsqu'il doit s'écouler un certain temps entre la préparation définitive du papier et son emploi à la chambre noire, parce qu'alors le papier

---

(1) Voyez la brochure publiée par M. Ch. Chevalier, pages 1 et 8, et celle de M. Lerebours, page 20.

(2) In-18, chez Roret, rue Hautefeuille, 10 bis.

photogénique, exposé au contact de l'air, se dessèche rapidement, cesse d'adhérer à la planchette, ou se boursoufle d'une manière inégale.

Il faut donc de toute nécessité recourir à l'ingénieuse méthode employée depuis plus de quatre ans par M. Talbot dans la construction de tous ses appareils, sortis des ateliers de M. Ch. Chevalier. Du reste, sans avoir eu aucune connaissance du système de M. Talbot, M. Blanquart a été conduit par un hasard heureux, comme il le dit lui-même, à employer précisément les mêmes moyens que l'habile photographiste anglais. En présence de ces deux autorités si graves en pareille matière, l'hésitation n'est plus possible, et ce serait une obstination ridicule que de rejeter la seule méthode qui satisfait à toutes les exigences du procédé.

La disposition adoptée par MM. Talbot et Blanquart est des plus simples; elle consiste à renfermer entre deux glaces le papier photogénique et la feuille de papier destinée à entretenir l'humidité; il en résulte un tout bien compacte que l'on place dans une feuillure du châssis disposée à cet effet, et que l'on recouvre ensuite d'une planchette pour intercepter tout accès à la lumière. Ainsi se trouve résolu le double problème de maintenir le papier photogénique toujours bien tendu, et de l'entretenir pendant longtemps dans cet état d'humidité nécessaire pour obtenir un prompt résultat.

On doit apporter la plus grande attention à ce que le point de jonction des deux glaces se trouve exactement à la même distance de l'objectif que le côté mat de la glace dépolie; sans cette précaution essentielle le papier impressionnable ne se trouverait pas au foyer, et l'on n'obtiendrait qu'une image confuse. Lors donc qu'on achètera une chambre noire, on devra s'assurer que cette condition a été rigoureusement remplie par le constructeur.

Les glaces que l'on emploie à cet usage doivent être plutôt minces qu'épaisses; deux ou trois millimètres d'épaisseur forment une dimension très-convenable. C'est donc à tort qu'on a conseillé d'employer en cette circonstance des glaces épaisses qui auraient pour effet de retarder inutilement l'opération (1).

On a fait plusieurs objections contre l'emploi des glaces dans la photographie sur papier; on leur a reproché de ralentir la production de l'épreuve et d'être très-difficiles à nettoyer. L'expérience démontrera facilement que la première de ces objections n'est pas fondée, et qu'il existe une différence de sensibilité à peine appréciable entre une feuille de papier exposée à nu et celle enfermée entre deux glaces. Quant à la difficulté du nettoyage, elle peut être facilement levée, si l'on emploie à cet usage un peu d'alcool rectifié ou d'éther.

C'est surtout dans la photographie sur papier qu'on a besoin de châssis qui ne laissent pas pénétrer le plus faible rayon de lumière. Nous ne saurions donc admettre le système de fermeture *à coulisses* qui a prévalu depuis quelque temps dans la construction de ces châssis, et nous conseillons de revenir à l'ancienne construction à volet ou à porte, qui présente beaucoup plus de sécurité. C'est ainsi que sont construits les appareils de MM. Talbot et Blanquart, car ils ont appris par l'expérience que l'introduction d'un faible rayon qui serait inoffensif dans la photographie ordinaire, occasionne des effets désastreux sur le papier photographique. C'est là en effet la cause ordinaire de ces taches qui compromettent une plus ou moins grande étendue de l'épreuve, et qu'on ne saurait expliquer d'aucune autre manière.

Occupons-nous maintenant de la construction du châssis à décalquer, car on sait que l'épreuve fournie par la chambre noire ne constitue qu'une image négative ou inverse, et qu'il faut recourir à une seconde opération pour obtenir une image positive ou directe. Supposons un cadre de bois dans lequel on aura ménagé une feuillure assez profonde pour recevoir deux glaces épaisses et une planchette destinée à les recouvrir; ajoutons à ce cadre un système de mentonnets traversés par des boulons à écrous et destinés à maintenir les glaces comprimées pendant l'opération, et nous aurons une idée suffisante du châssis à décalquer. Nous avons recommandé à dessein de choisir de préférence des glaces très-épaisses, afin qu'elles puissent résister sans se rompre à la pression qu'il est nécessaire d'exercer sur elles pour assurer le contact parfait de l'épreuve négative avec le papier positif. Cette condition est essentielle, car plus il y aura d'adhérence entre les papiers, plus le dessin obtenu offrira de netteté. Nous reviendrons plus tard sur l'usage du châssis à décalquer.

---

(1) Il n'en est pas de même des glaces qui doivent garnir le châssis à décalquer dont nous parlerons tout à l'heure.

Un support est nécessaire pour y déposer les glaces des châssis dans plusieurs opérations qui seront décrites ultérieurement (1). Ce support peut être construit de la manière la plus simple. On prend une planche de bois de 10 à 12 centimètres carrés sur 15 à 20 millimètres d'épaisseur ; on ajuste au-dessous de ce plateau 3 vis à bois à tête ronde de 3 à 4 centimètres de longueur, et disposées en triangle équilatéral ; ces vis servent de pieds au support, et pour l'établir dans une position parfaitement horizontale, il suffit de serrer ou de desserrer les vis en suivant les indications données par un niveau à bulles d'air que l'on place sur la tablette du support.

Tels sont à peu près tous les instruments nécessaires pour la photographie sur papier. Il faut cependant y ajouter plusieurs cuvettes, tant pour la préparation des papiers que pour le fixage des épreuves. On devra les choisir très-plates, et autant que possible en porcelaine ; car les meilleures faïences se laissent facilement pénétrer par les solutions d'azotate d'argent : ce métal s'y réduit sous la forme de poudre noire, et les solutions que l'on verse ensuite dans les cuvettes sont sujettes à s'y décomposer rapidement.

CHAPITRE II.

Des substances chimiques employées dans la photographie sur papier et de leur préparation.

Les substances nécessaires aux opérations de la photographie sur papier se réduisent à un petit nombre, et leur préparation ne présente aucune espèce de difficulté. Nous commençons par en donner la liste ; en indiquant les quantités dont on devra se munir pour compléter un assortiment qui peut suffire pour un grand nombre d'expériences ; nous indiquerons ensuite la manière de préparer les solutions qui peuvent toutes être faites à froid et au moment même de s'en servir.

Liste des substances.

	litres.
Eau distillée.	5

	grammes.
Azotate (nitrate) d'argent le plus neutre possible.	50
Iodure de potassium.	50
Bromure de potassium.	50
Acide gallique.	20
Acide acétique cristallisable.	50
Chlorure de sodium pur (sel marin).	50
Hyposulfite de soude.	500
Cyanure simple de potassium.	20

L'azotate d'argent, les sels de potassium et l'acide acétique devront être conservés dans des flacons bouchés à l'émeri. Celui qui renferme l'azotate d'argent devra en outre être entouré d'un papier noir pour empêcher tout accès à la lumière.

Nous avons obtenu de très-bons résultats avec les produits chimiques qui nous ont été livrés par M. E. Rousseau et compagnie, rue de l'École-de-Médecine, 9, et nous signalons avec plaisir cette maison à la confiance de nos lecteurs.

Préparation des solutions.

Les formules qui vont suivre sont *exactement dans les mêmes proportions* que celles indiquées par M. Blanquart. Les seules modifications que nous nous sommes permis d'y faire n'affectent donc en aucune manière le *dosage* des substances ; elles portent seulement sur la *quantité* de chaque solution que nous avons cherché à mettre en rapport avec une sage économie et avec les exigences des diverses opérations.

Quelques novateurs plus hardis n'ont pas craint de renverser toutes les proportions établies par M. Blanquart pour leur en substituer de nouvelles dont le mérite est au moins très-contestable, puisqu'elles n'ont pas encore reçu la sanction de l'expérience. Loin de nous la pensée de vouloir fermer la voie à tout progrès ultérieur, et les formules de M. Blanquart ne nous paraissent pas tellement immuables qu'on ne puisse dans la suite y apporter quelques modifications. C'est même un des avantages de la photographie sur papier, qu'elle permet de s'écarter, dans certaines limites, de cette précision de dosage, si rigoureusement nécessaire dans le daguerréotype ordinaire. Mais lorsqu'un procédé est encore dans l'enfance, il y aurait imprudence à abandonner de prime abord le chemin tracé par l'inventeur, surtout lorsque ses prescriptions empruntent leur autorité à une longue expérience et à des succès acquis. Nous aurions donc cru faire acte

---

(1) Voyez ci-après le chapitre IV.

de témérité si nous avions engagé légèrement nos lecteurs dans la voie incertaine des essais et des tâtonnements ; il nous a paru plus sûr et plus convenable de nous conformer scrupuleusement aux indications de M. Blanquart.

Nous avons cru devoir distinguer chacune des solutions par un titre et un n° d'ordre, que l'on fera bien d'inscrire sur les étiquettes des flacons. On évitera ainsi toute cause de confusion et d'erreur, et nous pourrons plus facilement nous faire comprendre, lorsqu'en décrivant chacune des opérations du procédé, nous indiquerons qu'elle se fait avec telle ou telle préparation.

N° 1. *Solution faible d'azotate d'argent.*

	grammes.
Azotate d'argent.	6
Eau distillée.	180

N° 2. *Solution d'iodure de potassium.*

	grammes.
Iodure de potassium.	12

	décigrammes.
Brômure de potassium.	5

	grammes.
Eau distillée.	280

N° 3. *Acéto-azotate d'argent.*

	grammes.
Azotate d'argent.	6
Acide acétique cristallisable.	11
Eau distillée.	64

La préparation de cette solution nécessite quelques soins particuliers : ainsi on commencera par dissoudre l'azotate d'argent dans la moitié de la quantité d'eau indiquée, on y versera ensuite l'acide acétique, puis, après avoir laissé reposer environ une heure, on ajoutera l'autre partie d'eau.

N° 4. *Solution saturée d'acide gallique.*

	grammes.
Acide gallique cristallisé.	2
Eau distillée.	300

Cette préparation, contrairement à toutes les autres, devra être faite à l'avance. Pour obtenir une saturation bien complète, il faut au moins 24 heures, à une température de $+16°$ cent. Au bout de ce temps, on filtrera la liqueur pour en séparer l'excès d'acide gallique qui n'aurait pas été dissous.

N° 5. *Solution de brômure de potassium.*

	grammes.
Brômure de potassium.	5
Eau distillée.	200

N° 6. *Solution de chlorure de sodium.*

	grammes.
Eau distillée saturée de chlorure de sodium.	60
Eau distillée.	200

N° 7. *Solution concentrée d'azotate d'argent.*

	grammes.
Azotate d'argent.	20
Eau distillée.	100

N° 8. *Solution d'hyposulfite de soude.*

	grammes.
Hyposulfite de soude.	100
Eau distillée.	800

Toutes les préparations qui renferment de l'azotate d'argent devront être conservées dans des flacons bouchés à l'émeri et recouverts de papier noir, et pour empêcher tout accès à la lumière, on fera bien d'ajouter à cette précaution celle de les tenir dans un endroit obscur. Ces solutions sont d'une extrême susceptibilité, et les causes les plus inoffensives en apparence suffisent pour amener une précipitation partielle de l'argent, qui altère leur limpidité. Lorsque cette décomposition se borne à un précipité noir pulvérulent, *tenu en suspension* dans le liquide, on peut lui rendre sa transparence en le filtrant à travers un papier buvard bien propre ; mais si la couleur blanche et limpide du bain d'argent est sensiblement modifiée par la *solution* du précipité noir dont nous avons parlé, on doit rejeter la préparation plutôt que de s'exposer à des déceptions en employant des produits d'une qualité douteuse.

Une des causes les plus ordinaires des altérations qui surviennent dans les dissolutions d'argent, est le manque de propreté des vases où elles sont versées lors de la préparation des papiers. Il faut surtout éviter avec le plus grand soin d'employer pour les solutions d'argent des cuvettes qui auraient servi précédemment aux solutions d'hyposulfite de soude ou de chlorure de sodium. La plus petite parcelle de ces substances qui pourrait y rester, même après que ces vases ont été parfaitement lavés et essuyés, suffirait pour décomposer le bain d'argent. Le contact de substances métalliques produirait encore le même effet. Lors donc qu'on est obligé de toucher au bain d'argent, par exemple pour en retirer les papiers, il faut toujours le faire au moyen d'un corps inerte, comme une baguette de verre, un cure-dents, etc.

Lorsque des solutions d'argent ont séjourné longtemps dans les flacons qui les renferment, et qu'elles s'y sont en partie décomposées, le précipité noir pulvérulent qui résulte de cette altération adhère quelquefois assez fortement aux parois et au fond de ces flacons. Avant donc que d'y mettre un nouveau bain d'argent, il faut les rincer avec le plus grand soin, en ajoutant à l'eau un peu de cyanure de potassium pour faire disparaître jusqu'à la moindre trace de ce précipité, qui pourrait altérer la limpidité de la nouvelle solution ; on lavera ensuite le flacon à grande eau, et on y passera en dernier lieu quelques gouttes d'eau distillée.

Il est inutile d'ajouter que les filtres qui servent aux dissolutions d'argent ne doivent pas avoir été employés avec d'autres substances, et qu'ils ne doivent jamais servir qu'une fois.

La solution indiquée sous le n° 3 est particulièrement sujette à se décomposer, et outre les causes d'altération qui lui sont communes avec les autres solutions d'argent, il en existe qui lui sont propres. C'est ainsi que peu de jours après sa préparation il n'est pas rare d'y rencontrer un petit dépôt blanc qui se forme ordinairement à la surface. On peut l'en débarrasser en la passant à travers un linge fin et bien propre. Mais si l'on s'aperçoit que cette préparation a perdu sa limpidité et qu'un filtrage au papier ne suffise pas pour la lui rendre, il faudra nécessairement préparer une autre solution.

On ne doit jamais perdre de vue que cette préparation est la plus importante de toutes, puisque c'est elle qui donne au papier photogénique l'extrême sensibilité dont il est doué ; or cette sensibilité n'existerait plus si, par une cause quelconque, la solution se trouvait décomposée. Pour obvier à ces inconvénients, l'acéto-azotate d'argent devra être préparé en petites quantités à la fois, et si l'on ne doit pas faire de suite un grand nombre d'expériences, on pourra réduire à moitié les proportions que nous avons indiquées sous le n° 3.

Ces recommandations pourront paraître minutieuses, nous espérons néanmoins que nos lecteurs nous en sauront quelque gré, puisqu'elles n'ont d'autre but que de leur éviter des chances d'insuccès dont il est quelquefois si difficile de pénétrer la cause.

CHAPITRE III.

Du choix et de la préparation des papiers.

Ce chapitre peut être considéré comme le plus important, car de la qualité du papier et de sa préparation dépend tout le succès des opérations subséquentes. Nous nous efforcerons donc d'indiquer les caractères auxquels on peut reconnaître les papiers les plus propres à la reproduction des épreuves, nous entrerons ensuite dans le détail des soins minutieux qu'on doit apporter à leur préparation.

SECTION 1re. *Du choix des papiers.*

Pour mettre le lecteur plus à même d'apprécier les qualités que l'on doit rechercher dans les papiers photogéniques, il est indispensable d'exposer en quelques mots la théorie des procédés de la photographie sur papier. Lorsqu'on connaîtra les effets qu'on doit s'efforcer de produire, il sera plus facile de choisir avec discernement les papiers les mieux appropriés au but qu'on se propose.

On sait depuis longtemps que les sels d'argent jouissent de la singulière propriété de noircir rapidement lorsqu'ils sont exposés à une vive lumière. C'est sur ce principe qu'est fondée la photographie sur papier.

Si donc une feuille de papier imprégnée d'une solution d'argent est exposée au foyer d'une chambre noire, l'image des objets extérieurs recueillie par l'objectif de cet appareil sera reproduite sur ce papier en raison inverse de leurs intensités lumineuses, c'est à-dire que les parties les plus éclairées de ces objets noirciront profondément le sel d'argent, tandis que les parties les plus sombres laisseront à peine une légère impression sur la couche sensible. On obtiendra donc ainsi une véritable image des objets avec toute la valeur relative de leurs dégradations diverses ; seulement cette image sera en sens inverse ou suivant l'expression adoptée, *négative*, puisque les blancs seront représentés par des noirs, et *vice versa*.

Supposons maintenant que l'on place cette première épreuve en contact avec une autre feuille de papier préparée de la même manière, et qu'on expose le tout à la lumière, les parties les plus claires du dessin primitif livreront un passage facile aux rayons lumineux, tandis que les teintes les plus sombres se laisseront plus difficilement pénétrer. Il en résultera une nouvelle image, mais qui cette fois sera directe ou *positive*, puisqu'alors les objets seront représentés dans l'ordre naturel de leurs teintes.

Ce court exposé suffira pour faire comprendre que la double opération dont nous venons de donner une idée doit être exécutée avec des papiers de qualité différente. Ainsi pour l'épreuve négative, qui doit conserver une certaine transparence, il est évident qu'on devra employer un papier d'une faible épaisseur. Quant à l'image positive, il faudra au contraire adopter un papier plus épais; car, ainsi que nous le verrons plus tard, on ne peut obtenir de vigueur dans le dessin qu'autant que les substances chimiques auront pénétré plus profondément dans la masse du papier.

Maintenant que nous connaissons les propriétés particulières à chaque espèce de papier photogénique, examinons les qualités qui leur sont communes. Une des conditions les plus essentielles que l'on doit rechercher dans le papier, soit positif, soit négatif, est une grande finesse et une grande égalité de grain; c'est le seul moyen d'obtenir cette pureté et cette netteté de trait nécessaires à l'une et à l'autre épreuve. Il faut en outre que la pâte du papier présente une grande homogénéité, et que sa texture soit assez serrée pour qu'il ne puisse ni s'étendre ni se désagréger lors des diverses immersions qu'il devra subir. Ces qualités sont assez difficiles à apprécier à la vue, car les papiers que l'on emploie à la photographie ont dû préalablement être glacés, et cette opération a pour effet de refouler momentanément leur grain, qui redevient ensuite très-apparent lorsqu'ils ont séjourné dans quelque liquide. On ne pourra donc bien apprécier la qualité des papiers qu'après en avoir fait l'essai.

La plupart des papiers que l'on rencontre dans le commerce, quelque belle que soit leur apparence, sont loin d'être chimiquement purs. Un grand nombre de matières étrangères se trouvent intimement mêlées à leur composition, mais dans un tel état de divi-

sion, que leur présence échappe à l'examen le plus attentif. Les réactifs employés dans la photographie sur papier agissent d'une manière particulière sur ces corps étrangers; et il en résulte dans l'image obtenue un pointillé qui couvre toute sa surface, au grand détriment de la transparence et de la netteté. Ces sortes de papiers doivent être rejetés comme tout à fait impropres à la photographie.

En résumé, le choix du papier est une chose extrêmement délicate et difficile, et il en sera ainsi jusqu'à ce que d'habiles fabricants, éclairés par les conseils des photographistes, soient parvenus à lui donner toutes les qualités requises pour le but qui nous occupe. En attendant, les amateurs feront prudemment de se fournir chez les papetiers qui, s'étant occupés les premiers de cette spécialité, ont été à même d'apprécier les sortes de papiers qui produisent les meilleurs résultats. Nous citerons avec plaisir, parmi ceux-ci, la maison Croizelle, 11, rue de la Paix.

SECTION 2. *De la préparation des papiers.*

Bien que la préparation des papiers photogéniques soit affranchie de ces soins minutieux dont on ne peut se dispenser dans le polissage des plaques métalliques, il faut cependant y apporter une certaine attention et écarter *avec soin* toutes les causes qui pourraient porter atteinte à la blancheur et surtout à la propreté du papier. On devra donc y toucher le moins possible, même avant sa préparation; et lorsqu'on sera forcé de le faire, ce sera toujours avec des mains bien propres, et surtout exemptes de corps gras. L'omission de cette précaution produirait une inégalité dans l'absorption des substances chimiques, qui se traduirait sur l'image obtenue par une empreinte du tissu de la peau.

Pour conserver aux papiers toute l'énergie de leurs propriétés photogéniques, il est essentiel que leur préparation ait lieu dans un endroit complétement obscur, à la simple lueur d'un lampe ou d'une bougie. M. Talbot a néanmoins proposé de masquer avec des rideaux jaunes les fenêtres de l'appartement qui sert de laboratoire, et il assure que la lumière transmise par ces sortes d'écrans ne nuit en rien à la sensibilité du papier. Ce moyen présente à la vérité une plus grande facilité, mais il ne nous paraît pas assez infaillible pour que nous osions conseiller son emploi dans les circonstances où l'on pourra s'en dispenser. Nous pensons donc qu'il est infiniment préférable de préparer les papiers le soir, en s'éclairant convenablement ; on pourra alors les laisser sécher pendant la nuit ; mais il ne faudra pas attendre que le jour ait paru le lendemain matin pour les recueillir dans des boîtes de carton impénétrables à la lumière.

Si l'on avait à sa disposition quelque cabinet bien obscur, rien ne s'opposerait à ce que les papiers pussent être préparés pendant le jour ; mais il faudrait bien prendre garde de laisser pénétrer la lumière dans cette pièce toutes les fois qu'on y entrerait ou qu'on en sortirait.

On s'était contenté jusqu'ici d'appliquer à la surface des papiers photogéniques une légère couche de substances impressionnables à la lumière, et il en résultait une réaction chimique purement superficielle et des épreuves dépourvues de vigueur dans les parties sombres, et sans modelé dans les demi-teintes. C'est sans contredit à cette cause si longtemps inconnue qu'on doit attribuer l'état stationnaire de la photographie sur papier ; car, il faut bien le dire, les premiers résultats obtenus n'étaient point acceptables pour les artistes. Nous devons aux recherches persévérantes de M. Blanquart d'avoir fait disparaître ce défaut capital ; et, grâce à sa méthode d'*imprégnation profonde* des papiers, les images photogéniques ont acquis le relief et l'épaisseur qui leur manquaient. Nous dirons donc avec M. Blanquart que la condition la plus essentielle de la préparation des papiers consiste dans une pénétration intime des substances photogéniques, qui doivent se trouver recélées dans la profondeur de leur tissu et non pas simplement déposées à leur superficie.

Il ne faudrait pas cependant pousser ce système jusqu'à l'excès, et prolonger l'immersion des papiers jusqu'au point où l'épaisseur toute entière de la pâte se trouverait *traversée* par les liquides ; il est nécessaire, ainsi que nous le verrons dans la suite, que l'une des surfaces du papier demeure insensible à la lumière pendant toute la durée des opérations. Mais tout en satisfaisant à cette exigence, on devra faire pénétrer les préparations chimiques aussi profondément que possible dans le tissu du papier.

Telles sont les règles générales qui s'appliquent à la préparation des papiers négatif et positif.

§ 1er. *Préparation du papier négatif.*

Après avoir coupé le papier en feuilles de grandeur proportionnée à celle des épreuves qu'on se propose de faire, et à la dimension des cuvettes dont on peut disposer, on le marquera au crayon d'un côté et vers un angle pour pouvoir toujours reconnaître dans la suite la surface qui aura reçu la préparation (1).

On versera alors dans une cuvette qui sera spécialement consacrée aux bains d'argent, une quantité de la préparation n° 1 (*solution faible d'azotate d'argent*), suffisante pour recouvrir le fond de cette cuvette, à une hauteur de 2 à 3 millimètres. On prendra une des feuilles de papier que l'on posera doucement et bien à plat sur ce bain, en ayant soin de placer en dessus la surface qui a été marquée au crayon.

Pendant la durée du bain, on soulèvera successivement et avec précaution chacun des angles du papier pour s'assurer qu'aucune bulle d'air n'a été enfermée entre lui et le liquide ; s'il s'en trouvait, on les ferait disparaître. On évitera autant que possible, dans cette opération, de se servir de ses doigts ; la pointe d'un cure-dent, un bout de tube de verre sont des instruments qu'on trouve facilement sous sa main, et qu'on peut sans inconvénient employer à cet usage. Des *bruxelles* garnis en verre à leurs extrémités seraient peut-être préférables ; mais dans tous les cas, on doit éviter d'employer des pinces en bois, bien qu'elles aient été recommandées. Cette substance est de nature à réagir sur la solution d'argent, et son contact pourrait déterminer une décomposition du bain ou des taches sur le papier. Dans toute cette opération, on doit apporter un soin extrême à ce que le bain d'argent n'envahisse jamais la surface supérieure du papier, car il en résulterait infailliblement des taches sur l'envers de l'épreuve.

Nous nous sommes un peu étendu sur ces recommandations, parce qu'elles s'appliquent à toutes celles des préparations ultérieures dans lesquelles la

____

(1) Si l'on avait négligé cette précaution, il serait encore facile de distinguer le côté du papier qui a été préparé, car même après une dessiccation complète, ce côté présente toujours une surface concave.

feuille de papier est déposée à la surface d'un liquide; il suffira de les avoir faites une fois pour toutes, et nous n'y reviendrons plus.

Au bout d'une minute ou deux, le papier doit se trouver convenablement imprégné d'azotate d'argent. Cependant cette limite fixée par M. Blanquart n'est pas d'une précision rigoureuse; elle varie suivant la qualité et l'épaisseur du papier. D'ailleurs on peut toujours reconnaître à des signes apparents si l'absorption est suffisante: lorsque les bords extrèmes de la feuille qui s'étaient tenus relevés au commencement de l'opération se seront complétement affaissés, et que la couleur blanche et mate du papier commencera à prendre une teinte légèrement bleuâtre, on jugera que la préparation est terminée.

On enlèvera alors la feuille de papier par un de ses angles, et on la laissera parfaitement s'égoutter au-dessus de la cuvette; ensuite on la déposera à plat, le côté préparé en dessus, sur une surface bien horizontale et imperméable, comme le dessus d'un meuble vernis, une toile cirée, une feuille de verre, etc. Si la surface où l'on doit déposer le papier avait déjà servi au même usage, il faudrait avant tout la laver et l'essuyer avec soin; car il pourrait s'y trouver quelques parcelles d'azotate d'argent cristallisé qui tacheraient l'envers du papier.

Nous avons recommandé de déposer la feuille préparée sur un plan horizontal, en voici les motifs : nous avons déjà insisté sur la nécessité d'imprégner profondément le tissu du papier; or, si après l'avoir retiré du bain, on le faisait sécher sur un plan incliné, comme on l'a conseillé à tort, la portion du liquide demeurée à la surface s'écoulerait vers la partie la plus déclive, au lieu d'être absorbée par le papier pendant la dessiccation, et il en résulterait une préparation superficielle et inégale.

Il faut bien se garder de faire sécher le papier sur une feuille de carton de pâte, ainsi que l'a conseillé, je crois, M. Martens. On sait que cette espèce de carton renferme une grande quantité de substances étrangères à sa composition, comme le plâtre, le fer, etc. On s'exposerait donc, en suivant cette méthode, à produire des taches ineffaçables sur le papier photogénique.

Lorsque le papier négatif est entièrement sec, il est temps de s'occuper de la seconde préparation qu'on doit lui faire subir. Elle ne doit même pas être différée, si l'on veut éviter que le papier ne roussisse.

On verse à cet effet dans une cuvette un peu profonde la préparation d'iodure de potassium, n° 2. On y plonge entièrement le papier, en laissant au-dessus le côté déjà préparé (1). Après une immersion de 80 à 150 secondes, suivant la température (2), on enlève le papier en le prenant par deux coins, et, sans le lâcher, on le passe rapidement dans un vase d'eau distillée. Ce lavage a pour but d'enlever l'excès d'iodure de potassium qui, en séjournant sur le papier, pourrait y former un dépôt cristallin. On suspend alors la feuille par un de ses angles à un fil tendu horizontalement, et on le laisse parfaitement s'égoutter et sécher complétement.

Plusieurs moyens ont été proposés pour assujétir le papier sur le fil où il doit être suspendu. M. Blanquart se contente d'y faire une corne à l'un des coins; mais cette partie de la feuille est alors sacrifiée, et demeure à peu près insensible à l'action de la lumière. M. Mayer se sert de tuyaux de plumes fendus qui retiennent la feuille de papier par deux de ses angles; cette méthode nous paraît préférable. Quant à nous, nous avons employé avec succès le moyen suivant : La ficelle qui doit servir à suspendre le papier traverse un certain nombre de cubes en liège, et c'est sur ce liège que les feuilles sont fixées par deux de leurs angles, au moyen d'épingles ordinaires. On peut alors les espacer convenablement entre elles, de manière à ce qu'elles ne se touchent pas. Le papier n'éprouve aucune altération, et, sauf le petit trou occasionné par la piqûre de l'épingle, il nous a paru aussi sensible vers le point d'attache que sur le reste de sa surface.

Lorsque le papier sera parfaitement sec, on le recueillera avec précaution, et on le renfermera *sans le tasser* dans des boîtes de bois ou de carton, où il sera conservé à l'abri de toute lumière. Ce papier pourra servir pendant plusieurs mois sans avoir rien perdu de sa sensibilité primitive.

---

(1) Le bain d'iodure de potassium est une épreuve décisive à laquelle on reconnaît si le papier est propre à la photographie. Lorsque pendant cette immersion il se couvre de petits points violets plus ou moins étendus, on doit le rejeter et en chercher un autre de meilleure qualité, à moins toutefois que ces taches ne soient peu nombreuses et peu apparentes.

(2) Plus il fait froid, plus cette immersion doit être prolongée.

§ 2. *Préparation du papier positif.*

Si l'on a suivi avec attention ce qui vient d'être dit pour le papier négatif, on ne sera nullement embarrassé pour la préparation du papier positif, qui est encore plus simple et plus facile.

On commencera par diviser le papier en feuilles de dimension convenable. On versera alors dans une cuvette la solution de chlorure de sodium, n° 6 ; on déposera à la superficie de ce bain la feuille de papier, et on l'y laissera jusqu'à ce qu'elle s'aplatisse parfaitement sur l'eau, ce qui exige 2 à 3 minutes, suivant l'épaisseur du papier. Au bout de ce temps on enlèvera la feuille avec précaution, et on l'examinera attentivement par transparence. Si l'on y remarquait des taches d'un blanc plus clair et plus transparent que le reste du papier, il serait inutile de pousser plus loin l'opération, car les points blancs dont nous avons parlé se traduiraient infailliblement sur l'épreuve par des taches d'un rouge brun foncé. Il vaut mieux alors recommencer avec une nouvelle feuille, plutôt que de perdre du temps et d'employer le bain d'argent à une préparation qu'on sait à l'avance devoir être défectueuse.

Lorsqu'au contraire le papier paraît sans défauts, on le place sur un cahier de papier buvard exclusivement consacré à cet usage, et l'on passe fortement à plusieurs reprises et dans tous les sens la main sur le dos du papier pour bien l'essuyer ; on a soin de renouveler fréquemment le papier buvard jusqu'à ce qu'il n'accuse plus aucune trace d'humidité fournie par le papier préparé.

On place alors la feuille de papier sur une cuvette où l'on a versé à l'avance la solution concentrée d'azotate d'argent, n° 7, et on l'y laisse jusqu'à ce qu'on la juge suffisamment imprégnée ; il faut pour cela 4 à 6 minutes ; mais pour ne pas perdre de temps, on placera en attendant sur la solution de chlorure de sodium une seconde feuille de papier qui se trouvera préparée et essuyée au moment où on enlèvera la première de dessus le bain d'argent.

A mesure que les feuilles seront retirées de la solution d'argent, on les fera bien égoutter, puis on les déposera à plat sur un plan horizontal, comme nous l'avons recommandé pour la première préparation du papier négatif.

Lorsque le papier sera parfaitement sec, on le conservera dans un carton bien fermé, car il est extrêmement sensible à la lumière. On fera même bien de ne pas le préparer trop longtemps à l'avance, car il s'altère promptement et devient moins propre à la reproduction des épreuves.

CHAPITRE IV.

De l'exposition à la chambre noire. — Moyens de faire paraître les épreuves négatives et de les fixer.

Maintenant que nous avons donné toutes les indications nécessaires pour bien choisir et préparer le papier, il nous reste à enseigner la manière d'en faire usage. Occupons-nous d'abord de l'image négative, dont la réussite est le point le plus important du procédé, puisqu'elle forme un type original, une sorte de cliché dont on pourra ensuite multiplier les copies à l'infini.

Après avoir subi les deux préparations qui ont été indiquées plus haut, le papier négatif serait encore loin de présenter la sensibilité nécessaire pour produire une image avec la promptitude que requièrent les opérations photographiques, surtout lorsqu'il s'agit de portraits. Il a donc fallu trouver un moyen d'activer au plus haut degré la sensibilité de ce papier. On y est parvenu en mettant à profit la propriété que possède l'azotate d'argent de noircir plus rapidement à la lumière lorsqu'il est humide. A cet effet, on applique sur le papier négatif une troisième préparation qui ne doit avoir lieu que peu d'instants avant de prendre une épreuve. Nous allons indiquer le moyen de procéder à cette opération, en indiquant toutes les précautions à prendre pour en assurer le succès.

Nous avons dit, chapitre I*, que le papier photographique devait être renfermé entre deux glaces qui sont placées ensuite dans le châssis de la chambre obscure ; le premier soin à prendre est de nettoyer parfaitement ces deux glaces, car, s'il y restait quelques substances étrangères, comme des corps gras qui y auraient été déposés par le contact des doigts, ou des sels qui s'y seraient cristallisés à la suite des expériences antérieures, on pourrait être assuré à l'avance que l'épreuve en porterait les traces. Ces glaces seront donc lavées à grande eau, et essuyées avec un linge propre ; et, pour être encore mieux assuré de leur pureté, on y versera sur les deux faces quelques gouttes d'alcool rectifié à 40°, ou d'éther sulfurique, et on les essuiera de nouveau avec un linge uniquement consacré à cet usage.

On déposera alors une des glaces sur le support dont nous avons parlé, chapitre 1er, et qu'on a dû préalablement établir bien de niveau, à l'aide des vis à caler qui lui servent de pieds On versera sur cette glace une quantité d'acéto-azotate d'argent (préparation n° 3) suffisante pour humecter toute la surface lorsque le liquide aura été étalé à l'aide d'un pinceau bien propre (1), ou simplement d'un morceau de papier, que l'on renouvellera à chaque expérience. Il existe un autre moyen de répartir la préparation plus également sur la glace : c'est de l'y répandre goutte à goutte par l'intermédiaire d'un entonnoir garni d'un filtre de papier, et que l'on replacera sur le flacon lorsqu'il aura fourni une quantité suffisante de liquide. Cette méthode a l'avantage de purifier l'acéto-azotate et d'en séparer un petit dépôt blanchâtre qui se forme ordinairement à sa surface après quelques jours de préparation.

On prend alors une feuille de papier négatif que l'on place avec soin, le côté préparé en contact avec la surface du verre où l'on a versé la solution d'argent ; on laisse cette feuille s'humecter et s'étendre pendant une ou deux minutes ; et, s'il s'y formait quelques plis, on pourrait les faire disparaître en projetant l'haleine sur la surface supérieure du papier ; enfin si ces plis persistaient, il ne faudrait pas hésiter à soulever délicatement le papier par un de ses coins, et, en le laissant retomber doucement sur le verre, il finirait par s'y étendre bien à plat. Dans toutes ces manipulations, il faut bien prendre garde de ramener sur l'envers du papier la moindre goutte d'acéto-azotate d'argent ; et si cet accident arrivait, il faudrait se hâter d'enlever le liquide répandu au moyen d'un petit morceau de papier buvard ; car si l'on négligeait ce soin, il pourrait en résulter des taches sur le verso de l'image négative, et la transparence nécessaire à cette épreuve se trouverait compromise. Par la même raison, on doit éviter autant que possible de toucher le papier avec les doigts, surtout lorsqu'à la suite d'expériences précédentes, ils sont imprégnés d'azotate d'argent et d'acide gallique.

Lorsque le papier négatif se sera bien étendu sur la glace, et qu'il y adhérera sans aucun pli ni bulle d'air, on pren-

dra une feuille de papier épais à dessiner (1) de la même dimension que l'épreuve, et qu'on aura mis tremper à l'avance dans l'eau distillée (2). L'adjonction de ce papier imbibé d'eau est destiné à entretenir l'humidité du papier négatif pendant son exposition à la lumière ; elle est particulièrement utile lorsqu'il doit s'écouler un certain temps entre la préparation du papier et son exposition à la chambre obscure, comme, par exemple, lorsqu'on doit aller prendre des vues au dehors. On placera donc ce papier exactement sur le papier négatif, et on déterminera leur adhérence en y passant la main dans tous les sens et à plusieurs reprises. Pour achever de rendre le contact des papiers plus parfait, on pourra y passer, mais sans trop de force, l'une des carres émoussées de la glace supérieure qui doit recouvrir le tout. Cette dernière opération présente la plus grande analogie avec la manière dont les ébénistes se servent de leur râcloir ; elle a surtout pour but de débarrasser les papiers de l'excédant de liquide dont ils sont imbibés. Après avoir essuyé la glace qui vient de servir à cet usage, on la place sur les papiers qui se trouvent ainsi comprimés entre les deux verres, et on renferme le tout dans le châssis, que l'on recouvre de sa planchette. Toutefois, avant de procéder à l'exposition de la lumière, il ne faut pas négliger une dernière précaution qui n'est pas sans importance.

Dans toutes les opérations qui précèdent, il est bien difficile que la surface *extérieure* de la glace, celle qui doit transmettre la lumière au papier, ne se trouve pas ternie par quelques traces d'humidité ; on ouvrira donc le volet du châssis, et on essuiera parfaitement le verre avec un linge bien propre imbibé de quelques gouttes d'alcool ou d'éther.

Il est bien entendu que toutes les préparations qui viennent d'être décrites doivent être faites dans l'obscurité, à la simple lueur d'une bougie, car il est très-essentiel que le papier photogénique ne reçoive aucun rayon de la lumière du jour, avant le moment où on démasquera l'objectif de la chambre noire. C'est pour cela que nous ne saurions trop recommander d'avoir des châssis dont la fermeture hermétique soit impénétrable à la lu-

---

(1) Un pinceau de verre serait le meilleur à employer en pareil cas.

(1) Le papier-carton employé communément pour les cartes de visites sera très-convenable à cet usage.

(2) Il est très-essentiel d'employer à cet usage de l'eau parfaitement distillée, sans cela on s'exposerait à produire une opacité générale sur l'envers de l'épreuve.

mière ; et si l'on éprouvait le moindre doute à cet égard, il serait prudent de renfermer le châssis dans un sac de velours noir, jusqu'au moment précis où l'on doit s'en servir.

Le choix du site ou du monument qu'on veut reproduire, la pose plus ou moins heureuse du modèle que l'on a adopté, sont des questions d'art ou de goût étrangères au plan que nous nous sommes tracé. Nous ne pouvons donc que renvoyer le lecteur aux différents ouvrages qui ont traité ce sujet.

La mise au point exige une précision plus rigoureuse peut-être encore que dans la photographie ordinaire ; car, dans le procédé que nous décrivons, on doit s'attacher à ne rien perdre de la netteté de l'image. On fera donc bien, au risque de perdre un peu de lumière et de prolonger un peu la pose, d'adapter à l'objectif un diaphragme de petite dimension ; un diamètre de 25 à 30 millimètres nous paraît un maximum d'ouverture qu'on ne doit jamais dépasser.

Dans ces conditions, M. Blanquart a obtenu au soleil, en 18 ou 20 secondes, des épreuves parfaitement venues avec l'objectif à verres combinés pour grande plaque de M. Ch. Chevalier (1). Bien que la longueur des secondes photographiques soit en quelque sorte devenue proverbiale, notre propre expérience nous autorise à affirmer que l'assertion de M. Blanquart reste plutôt en deçà de la vérité, et qu'on arrive à une promptitude encore plus grande lorsqu'on a pour soi des circonstances favorables. Parmi ces circonstances, il faut sans doute placer en première ligne l'intensité de la lumière ; mais on doit aussi tenir compte de la température dont l'élévation contribue d'une manière remarquable à la formation rapide de l'image, en favorisant l'accomplissement des réactions chimiques qui y donnent lieu.

Au surplus, le problème de la durée de la pose, si difficile à résoudre dans la photographie ordinaire, présente une importance beaucoup moins grande dans le procédé sur papier. On ne doit donc se préoccuper que d'une manière secondaire d'une précision qui n'est pas rigoureusement nécessaire, puisque, comme nous le verrons tout à l'heure, on possède un moyen assuré d'arrêter l'épreuve au degré convenable lors de son apparition sous l'acide gallique. Nous indiquerons en outre,

avec une attention particulière, les signes caractéristiques auxquels on peut reconnaître qu'une épreuve n'est pas assez venue ou qu'elle a dépassé la limite convenable ; en sorte que l'échec d'une opération manquée servira nécessairement de guide et de correctif pour l'expérience subséquente.

L'exposition étant terminée, on refermera le châssis et on le rapportera dans la pièce obscure qu'on aura adoptée pour les préparations : on place alors sur le support une feuille de verre à vitre d'une dimension un peu plus grande que l'épreuve, et qui aura été nettoyée à l'avance avec le plus grand soin ; on humecte légèrement la superficie de ce verre au moyen d'un pinceau ; on sépare ensuite les deux glaces, on enlève d'abord la feuille de gros papier qui a servi à entretenir l'humidité (1) ; enfin on retire avec précaution l'épreuve restée adhérente à la glace, et on la dépose sur le verre à vitre, le côté impressionné en dessus. On doit faire en sorte que le papier négatif soit parfaitement étendu sur le verre sans aucuns plis ni boursouflures, car l'action de l'acide gallique serait irrégulière dans ces endroits. Ces dispositions prises, on versera sur l'épreuve une petite quantité de la solution d'acide gallique (n° 4), mais suffisante néanmoins pour en recouvrir toute la surface. Pour faciliter une répartition prompte et égale de cette solution sur le papier, on inclinera le verre en différents sens jusqu'à ce que la nappe de liquide se soit étendue partout ; cette précaution est très-importante, car les parties de l'épreuve qui n'auraient pas été dès l'abord imbibées d'acide gallique se trouveraient en retard pendant tout le reste de l'opération. Dès le premier moment du contact de l'acide gallique, l'image apparaîtra sur-le-champ, et si l'opération a réussi, elle se manifestera d'abord par une teinte d'un beau roux, qui foncera peu à peu jusqu'au noir le plus intense.

C'est ici qu'il faut redoubler de surveillance et d'attention et suivre les progrès de l'épreuve sans la perdre un seul instant de vue. On s'assurera de temps en temps, en regardant par le dessous du verre, qu'on pourra enlever de dessus le support, si l'envers du papier conserve toute sa blancheur ; et aussitôt que l'image paraîtra avoir atteint son maximum d'intensité, c'est-à-

---

(1) Voyez la notice de M. Blanquart, publiée par cet opticien, page 8 en note.

(1) Ce papier ne doit, dans aucun cas, resservir plus d'une fois au même usage.

dire lorsque les noirs seront bien prononcés, sans que les blancs aient rien perdu de leur éclat, on arrêtera à l'instant l'effet de l'acide gallique en versant en abondance de l'eau ordinaire sur l'épreuve. Il est inutile pour cela de la retirer de dessus le verre, car pendant le temps qu'on emploierait à cette manœuvre, l'action prolongée de l'acide gallique pourrait altérer les blancs de l'image.

On placera ensuite l'épreuve dans une cuvette, et on y versera une quantité de solution de brômure de potassium (n° 5), suffisante pour recouvrir le papier. Ce dernier bain a pour effet de fixer l'image de manière à ce qu'elle ne puisse plus désormais s'altérer à la lumière. On y laissera séjourner l'épreuve pendant 15 à 20 minutes, évitant de lui faire voir le jour avant qu'elle ne soit complétement fixé. Au sortir de ce bain, on lavera une dernière fois l'épreuve à grande eau, puis on la séchera entre plusieurs feuilles de papier buvard.

Pour ne pas interrompre la description d'opérations qui doivent avoir lieu immédiatement à la suite les unes des autres, nous avons supposé qu'on s'était conformé scrupuleusement à toutes les conditions du procédé et qu'on avait ainsi obtenu le succès. Nous allons maintenant signaler les imperfections qui peuvent se révéler sous l'action de l'acide gallique, et nous en rechercherons les causes afin qu'on puisse désormais les éviter.

Occupons-nous d'abord des caractères auxquels on peut distinguer si une épreuve est restée exposée à la lumière pendant un temps convenable.

On reconnaîtra que l'image est suffisamment venue, lorsqu'elle apparaîtra promptement sous l'action de l'acide gallique avec cette teinte rousse dont nous avons déjà parlé. Cette couleur passera rapidement au gris sombre, puis au noir intense, sans que cependant les parties les plus éclairées aient rien perdu de leur blancheur ; toutes les demi-teintes seront bien prononcées, et les plus petits détails fortement accusés. Mais si l'exposition à la lumière avait été prolongée outre mesure, l'action de l'acide gallique marcherait avec une rapidité telle qu'elle ne tarderait pas à envahir les blancs de l'image avant qu'on ait eu le temps de l'arrêter ; et, ce qui est beaucoup plus grave, l'envers de l'épreuve se trouverait sali par une teinte grise générale qui enlèverait au papier une grande partie de sa transparence. Ce dernier effet pourrait encore se manifester si l'on n'arrêtait pas à temps l'action de l'acide gallique, ou si l'épreuve était exposée à la lumière avant d'être tout à fait fixée par le brômure de potassium.

Si, au contraire, l'exposition à la lumière n'a pas été assez prolongée, l'épreuve se distinguera par des caractères tout à fait opposés à ceux que nous venons de signaler. Ainsi, au lieu de cette teinte rousse qui est le cachet d'une bonne épreuve, elle prendra dès l'origine une teinte grisâtre ; l'action de l'acide gallique sera lente, inégale et incomplète ; l'image, vague et indéterminée dans ses contours, sera dépourvue de vigueur, de demi-teintes et de détails ; si on l'examine par transparence, elle présentera un aspect pointillé au lieu de ces nuances larges et bien fondues qu'elle devrait avoir. Enfin, si pour remédier à tous ces défauts on essaye de prolonger l'action de l'acide gallique au delà des limites ordinaires, on arrivera bien à donner à l'épreuve une teinte noire, mais cette teinte, pour ainsi dire forcée, sera uniforme, elle traversera toute l'épaisseur du papier dont elle détruira la transparence.

Des deux excès dont nous venons de parler, il faut encore préférer celui où l'épreuve est restée trop longtemps exposée à la lumière, parce qu'alors on reste toujours le maître d'arrêter à temps l'action de l'acide gallique, pourvu qu'on y apporte une extrême attention.

Ainsi qu'on l'a vu précédemment, l'extrême prolongation de la pose, l'action exagérée de l'acide gallique, l'emploi d'eau mal distillée, et le défaut de fixage, produisent ordinairement une opacité générale sur l'envers de l'image ; mais quelquefois cette opacité n'est que partielle, et elle procède alors de plusieurs autres causes qu'il est important d'étudier.

Nous avons déjà recommandé plus d'une fois d'éviter avec soin qu'aucune goutte des solutions d'argent ne soit répandue sur l'envers des papiers positif et négatif lors de leur préparation ; au risque de nous répéter, nous insisterons encore sur ce point, car l'omission de cette précaution est la cause la plus ordinaire des taches que l'on remarque souvent au verso des images négatives.

On doit aussi apporter une attention toute particulière à la propreté de la surface sur laquelle les papiers sont déposés pendant leur dessiccation, pour éviter qu'ils y contractent la moindre souillure.

La propreté des doigts est encore une condition de rigueur, car s'ils étaient imprégnés de corps gras, de sels d'argent ou d'acide gallique, ils laisseraient infailliblement leur empreinte sur le papier, et cette empreinte, d'abord invisible, se révélerait sous l'action de l'acide gallique.

La plupart des taches que l'on remarque sur les épreuves négatives sont occasionnées par de petits cristaux de sel d'argent ou d'acide gallique qui demeurent adhérents soit aux glaces des châssis, soit au verre où l'on dépose le papier pour le soumettre à l'action de l'acide gallique; on ne saurait donc apporter trop de soin à bien laver et essuyer ces verres, comme nous l'avons déjà dit.

La plus faible introduction de lumière dans le châssis pendant que le papier y est renfermé, causerait sur l'épreuve ou sur son envers des taches d'un noir intense et dont l'étendue serait proportionnée aux rayons qui se seraient introduits. On doit donc s'assurer que les châssis ferment hermétiquement, et c'est une sage précaution que d'interposer entre la planchette du châssis et la glace supérieure, un morceau d'étoffe noire pour intercepter de ce côté tout accès à la lumière.

Lorsque les taches qui existent sur l'envers de l'épreuve sont en petit nombre et de peu d'étendue, on réussit quelquefois à les enlever au moyen d'une solution très-faible de cyanure simple de potasssium. Mais il ne faut jamais employer ce moyen qu'avec une extrême circonspection et après avoir ciré l'épreuve; il faut alors plonger immédiatement le papier dans une cuvette remplie d'eau; pour arrêter à temps l'action du cyanure, qui pourrait pénétrer toute l'épaisseur du papier et détruire en partie l'image.

Lorsque l'épreuve négative a été lavée et séchée, comme nous l'avons dit, il reste à lui faire subir une dernière préparation pour augmenter sa transparence, et la rendre plus propre à la reproduction des épreuves positives. On y parvient en l'imprégnant de cire. A cet effet, on étend l'épreuve sur plusieurs feuilles de papier blanc, on y râpe une certaine quantité de cire vierge, on la recouvre de plusieurs autres feuilles de papier; puis avec un fer à repasser *chauffé modérément*, on fait fondre la cire de manière à la faire pénétrer sur toute l'étendue et dans toute l'épaisseur du papier négatif; on renouvelle ensuite les papiers pour absorber l'excédant de cire, de

manière à ce qu'il ne s'en forme aucun dépôt à la surface de l'épreuve; si le fer à repasser était trop chaud, il altérerait profondément et sans retour les noirs de l'épreuve; on ne doit donc l'employer qu'à un degré de chaleur juste suffisant pour fondre la cire.

Nous avons recherché si quelques autres substances ne seraient pas également propres à donner de la transparence à l'épreuve négative, et nous avons essayé successivement la stéarine, le blanc de baleine, l'huile, l'essence de térébenthine, les vernis; mais rien né nous a paru préférable à la cire, et nous croyons qu'on fera bien de s'en tenir à cette dernière substance.

Nous ne terminerons pas ce chapitre sans indiquer aux lecteurs les moyens de faire disparaître les taches qui noircissent profondément les doigts, par suite du contact répété des solutions d'argent et de l'acide gallique dans les diverses opérations qui viennent d'être décrites. Le même inconvénient se reproduit aussi sur les linges employés à essuyer les verres, les cuvettes, etc., et ces taches sont tellement persistantes, qu'elles résistent aux meilleures lessives.

Lors donc qu'on voudra se nettoyer les mains après avoir terminé les expériences, on commencera par les tremper dans l'eau, puis on frottera les endroits noircis avec un morceau de cyanure de potassium, évitant de laisser séjourner trop longtemps cette substance sur la peau, car elle pourrait y occasionner une grande irritation. On se lavera ensuite les mains à grande eau pour enlever toute trace de cyanure. On sait que c'est un poison très-violent, et qui pourrait agir par simple absorption, il ne faut donc employer ce moyen qu'avec réserve et circonspection.

Une solution concentrée d'iodure de potassium serait infiniment préférable, puisqu'elle n'offre aucun danger, mais elle agit beaucoup plus lentement.

On pourrait encore se servir d'une forte dissolution d'hyposulfite de soude dans laquelle on se laverait les mains, après l'avoir fait chauffer à la plus haute température qu'on puisse supporter; cette solution se trouverait ainsi chargée de sel d'argent, et pourrait être conservée pour fixer les épreuves positives, ainsi que nous le verrons plus loin au chapitre VI.

Quant aux linges, on les détachera facilement au moyen d'une solution de 10 grammes de cyanure de potassium dans 100 grammes d'eau. Ce liquide n'altère en aucune façon les tissus. Si l'on avait à enlever des taches de sel d'argent sur les habits, il faudrait employer une solution beaucoup plus faible, et laver ensuite à grande eau pour ne pas altérer les couleurs.

CHAPITRE V.

De la transformation de l'image négative en épreuve positive.

Après avoir décrit tout ce qui se rattache à la production de l'image négative, il nous reste à examiner les moyens de la transformer en image positive; et cette opération n'est pas la moins intéressante, puisqu'elle permet de multiplier à un nombre infini d'exemplaires, les copies du dessin obtenu. Qu'on ne s'attende pas du reste à rencontrer ici aucune difficulté sérieuse; cette partie du procédé est extrêmement facile, et quelques mots suffiront pour en démontrer toute la théorie.

Le châssis dont on se sert pour décalquer les épreuves, a été suffisamment décrit au chapitre Ier; il n'est donc pas nécessaire d'y revenir. Le premier soin à prendre, est de nettoyer parfaitement les glaces qui font partie de ce châssis, afin que rien ne s'oppose à leur transparence, et surtout pour faire disparaître jusqu'à la moindre trace d'azotate d'argent qui pourrait adhérer au verre à la suite d'expériences précédentes. Cette précaution est très-essentielle, car les plus petits cristaux de sel d'argent qui pourraient se trouver sur les glaces, occasionneraient des taches profondes et irréparables sur l'épreuve négative, et la rendraient tout à fait impropre à de nouvelles reproductions (1).

Par le même motif, on fera bien de se conformer à une recommandation faite par M. Mayer; il conseille d'essuyer avec soin, au moyen d'un linge très-propre, la surface préparée du papier positif, avant de le mettre en contact avec l'épreuve négative, afin d'enlever les petits cristaux d'argent qui auraient pu se former pendant le séchage du papier.

Après avoir fait ces dispositions préliminaires, on placera le côté impressionné du papier négatif en contact avec la face préparée du papier positif; on les introduira tous deux entre les glaces, et le tout sera renfermé dans le châssis que l'on recouvrira de sa planchette; on serrera alors assez fortement les vis de pression, pour éviter tout déplacement des papiers, et pour assurer leur contact parfait.

Il est bien entendu que les papiers doivent être disposés de telle sorte que la lumière vienne frapper sur l'envers de l'image négative. Enfin il sera bon que le papier positif déborde un tant soit peu la feuille négative; les diverses teintes que prendront ces bords exposés à la lumière directe, serviront plus tard de terme de comparaison pour apprécier les progrès de l'épreuve.

Le châssis est alors exposé au soleil, et on lui donne l'inclinaison convenable pour que les rayons de cet astre viennent frapper perpendiculairement sur le papier. On pourrait bien à la rigueur opérer le transport de l'épreuve au moyen de la lumière diffuse; mais outre la durée excessive de l'exposition, on a remarqué que les images ainsi obtenues présentent moins de vigueur et de netteté que celles qui se sont formées sous l'influence d'une vive lumière.

Il serait difficile d'assigner des limites précises à la durée de cette opération. On comprend qu'elle doit être plus ou moins prolongée, suivant les différentes conditions dans lequelles elle s'accomplit. Ainsi, la transparence plus ou moins grande de l'épreuve négative, la différence d'intensité de la lumière, le plus ou moins d'élévation de la température sont autant de causes qui peuvent accélérer ou retarder la formation de l'image positive. En thèse générale, l'exposition au plein soleil pourra varier de 15 à 25 minutes, mais à la lumière diffuse, il faudra de dix à vingt fois autant de temps pour obtenir une impression suffisante. Dans tous les cas, on ne risquera jamais rien en prolongeant l'exposition jusqu'à son degré extrême, c'est-à-dire jusqu'au point où les vives lumières de l'image positive commencent à s'altérer. Nous verrons, en effet, dans le chapitre suivant, qu'on reste toujours le maître d'affaiblir une image positive trop venue, mais qu'on ne possède aucun moyen de donner de la vigueur à un dessin qui n'aurait pas été suffisamment impressionné par la lumière.

L'expérience est donc le meilleur

---

(1) On ne saurait croire avec quelle persistance les cristallisations d'azotate d'argent adhèrent sur le verre. Il nous est arrivé souvent de laver parfaitement les glaces des châssis de la chambre noire, même avec de l'alcool; et lorsqu'elles nous paraissaient entièrement nettes et transparentes, si l'on y projetait l'haleine, on y remarquait encore des traces d'argent cristallisé. Pour les faire disparaître, il fallait recourir à un nouveau lavage avec une solution faible de cyanure de potassium.

guide que l'on puisse suivre pour arriver à déterminer le temps d'exposition nécessaire au transport de l'image, et c'est encore ici le cas où les données défectueuses d'un premier essai servent à rectifier les opérations subséquentes.

Cependant on ne doit pas négliger l'examen de certains caractères extérieurs et apparents qui peuvent servir à constater approximativement les progrès de l'opération. Ainsi, nous avons recommandé précédemment de laisser un peu déborder le papier positif; les parties de ce papier qui ne sont point recouvertes par l'image négative, prendront successivement les teintes suivantes : rose, lilas foncé, violet, noir intense, vert olive foncé, vert olive plus clair. Lorsque cette dernière nuance ce sera manifestée, il y aura tout lieu de croire que l'épreuve positive a atteint le point convenable. Ce n'est toutefois qu'une probabilité, et le moyen proposé par M. Mayer nous paraît offrir bien plus de certitude. Dans son système, la planchette du châssis à décalquer est munie d'une porte que l'on peut ouvrir à volonté, pour constater les progrès de l'opération, sans déranger ni les glaces ni les papiers. On est assuré que l'épreuve est suffisamment venue lorsque le dessin a pénétré dans toute l'épaisseur du papier positif, et *qu'il commence à devenir apparent sur l'envers de ce papier.* L'idée de M. Mayer nous paraît bonne, et nous engageons nos lecteurs à faire construire leurs châssis à décalquer d'après ce principe.

L'exposition terminée, on rapportera le châssis dans le cabinet noir; on enlèvera l'épreuve obtenue, puis on la fera baigner pendant 10 à 20 minutes, suivant son intensité, dans une cuvette remplie d'eau de rivière. Si l'image était faiblement accusée, on pourrait se dispenser de ce bain, et passer immédiatement au fixage par l'hyposulfite, dont nous traiterons au chapitre suivant.

CHAPITRE VI.

Des moyens de fixer l'image positive et de lui donner différentes teintes.

C'était déjà une grande conquête que d'avoir réussi à fixer sur le papier les images fugitives de la chambre noire, mais on pouvait craindre avec raison que ces admirables dessins ne finissent par être détruits sous l'influence du même agent qui les avait produits. Il fallait donc trouver une substance chimique capable de les soustraire à toute action ultérieure de la lumière, c'est-à-dire : une substance qui rendît désormais inerte la portion d'azotate d'argent non impressionnée par les rayons lumineux, sans cependant porter atteinte à l'image obtenue. Nous avons vu (chapitre IV) que l'image négative, formée par un véritable iodure d'argent, se trouve convenablement fixée au moyen d'une immersion dans un bain de brômure de potassium. Il s'agissait d'obtenir le même résultat pour l'épreuve positive, qui, comme on le sait, prend naissance sur un papier imprégné de chlorure d'argent. M. Talbot est le premier qui ait résolu le problème d'une manière satisfaisante, en indiquant, comme moyen de fixage, une solution d'hyposulfite de soude, dans laquelle les épreuves positives sont plongées pendant un certain temps. On a pu obtenir ainsi des dessins véritablement inaltérables à la lumière; mais, en se renfermant dans les indications données par M. Talbot, les images présentaient toutes une couleur uniforme et peu artistique, à laquelle on a voulu donner le nom de teinte bistre, mais qui serait beaucoup mieux qualifiée par celui de nuance *chocolat*.

Il était réservé à M. Blanquart d'étudier d'une manière plus approfondie les propriétés du bain d'hyposulfite, de suivre avec persistance la série des phénomènes qui s'y développent, et de tirer de ses observations une méthode certaine pour donner aux images les teintes les plus riches et les plus variées. On ne sera donc plus borné désormais à cette inévitable teinte chocolat qui caractérise toutes les épreuves de M. Talbot et celles de M. Bayard, mais on aura à parcourir toute l'échelle des tons bruns et des bistres pour arriver à la belle teinte noire des gravures à l'aqua-tinta. L'opérateur restera toujours le maître de s'arrêter à la teinte qui lui conviendra, ce qui est un avantage inappréciable, puisque avec la même épreuve négative on pourra obtenir des reproductions qui offriront des tons différents.

On voit, par ce que nous venons de dire, que cette partie du procédé est loin d'être purement mécanique, et qu'au contraire elle a besoin d'être conduite avec intelligence, pour savoir ménager à propos les effets que l'on veut produire. Nous nous attacherons donc à décrire avec un soin tout particulier la manière de diriger le bain d'hyposulfite, et nous indiquerons toutes les ressources qu'on en peut tirer.

Nous savons que cette opération a été l'écueil d'un grand nombre d'amateurs qui se sont adonnés aux expériences de photographie sur papier, et nous nous efforcerons de donner des explications assez claires et assez précises pour éviter à l'avenir toute cause d'insuccès.

La solution d'hyposulfite de soude, dont nous avons donné la formule au chapitre 1er, sous le n° 6, n'est pas immédiatement propre à produire les différents effets dont nous venons de parler. Lorsqu'elle est nouvellement préparée, et qu'elle n'a encore servi qu'à un petit nombre d'expériences, son action dissolvante s'exerce avec trop d'énergie sur l'azotate d'argent, et au bout d'un certain temps d'immersion, l'épreuve, au lieu d'arriver à cette belle teinte noire qui est la plus recherchée, se dégrade peu à peu, et finirait même par disparaître entièrement. Il faut, pour obtenir de bons effets, que l'hyposulfite se soit en quelque sorte saturé de l'azotate d'argent qu'il a successivement enlevé aux épreuves ; il devient alors moins avide de cette substance, et son action, jusqu'alors destructive, se borne désormais à modifier la teinte des images, tout en les fixant d'une manière permanente. On doit donc bien se garder de rejeter l'hyposulfite qui a servi, il faut au contraire le conserver avec soin sans s'inquiéter de son apparence trouble, et du précipité noir abondant qui s'y forme ; il n'est même pas nécessaire de le filtrer. On pourra néanmoins y ajouter de temps en temps une petite quantité de solution nouvelle, pour remplacer le liquide qui s'est évaporé ou perdu pendant l'immersion des épreuves, et pour maintenir la liqueur à peu près dans les mêmes conditions de saturation d'azotate d'argent.

Les inconvénients attachés à l'emploi d'une solution d'hyposulfite trop récente seraient de nature à décourager les commençants, si M. Blanquart, dans une note postérieure communiquée à l'Académie, n'avait indiqué le moyen de donner de prime-abord à cette solution les qualités qu'elle n'acquiert ordinairement que par suite d'un long usage. Il suffit pour cela d'ajouter à la solution d'hyposulfite quelques cristaux d'azotate d'argent ou quelques gouttes d'une dissolution concentrée de ce dernier sel.

Les propriétés plus ou moins dissolvantes du bain d'hyposulfite, à ses différents degrés de saturation d'azotate d'argent, peuvent être mises à profit par un artiste intelligent pour en tirer les effets les plus variés. Ainsi une image positive qui serait fortement empâtée par suite d'une exposition prolongée à la lumière, sera d'abord soumise à un bain d'hyposulfite neuf et énergique, et lorsque ce bain aura en quelque sorte enlevé la croûte superficielle et fait apparaître les plus petits détails de l'épreuve, on la reportera dans un autre bain d'hyposulfite plus chargé d'argent, et qui en peu de temps lui communiquera les diverses teintes que nous avons indiquées. Dans cette occasion, et autres semblables, l'hyposulfite agira à peu près à la manière *du mordant* des graveurs à l'eau forte, qui savent si bien en régler l'action suivant le but qu'ils se proposent.

Après avoir fait connaître les qualités que doit posséder la solution d'hyposulfite, examinons un peu plus en détail les phénomènes qui s'accomplissent pendant l'immersion de l'épreuve, nous y trouverons d'utiles renseignements pour la conduite de l'opération et pour déterminer le point où il convient de l'arrêter suivant la teinte qu'on veut obtenir.

Lorsque l'épreuve positive paraît avoir été suffisamment exposée à la lumière, nous avons recommandé, à la fin du chapitre précédent, de la faire tremper pendant quelques instants dans un bain d'eau douce. C'est au sortir de ce bain qu'on la plongera dans la solution d'hyposulfite, et l'on pourra désormais suivre ses progrès à la lumière du jour. On verra alors l'image se dégager de plus en plus de la couche épaisse qui semblait l'envelopper ; le dessin, jusqu'alors confus et embrouillé, prendra peu à peu de la netteté, les moindres détails deviendront apparents, les demi-teintes commenceront à se faire jour, et les teintes extrêmes se prononceront avec une vigueur de plus en plus intense. La couleur de l'épreuve, d'abord d'un ton roux et uniforme, passera ensuite à la nuance *chocolat* qu'elle conservera pendant un certain temps. Elle finira par s'assombrir peu à peu, puis après avoir parcouru toute l'échelle des tons bruns et des bistres, elle passera à un violet foncé, puis enfin au noir de plus en plus intense. C'est à ce point qu'il convient d'arrêter l'immersion ; cependant si on la prolonge encore on obtiendra de nouveaux effets, et l'épreuve semblera avoir été dessinée aux crayons noir et blanc sur un papier jaune. Au delà d'une certaine limite, l'épreuve se dégrade progressivement et finit par prendre une nuance d'un jaune verdâtre qui tend de plus en plus à l'uniformité.

Il serait fort difficile d'assigner la durée qu'il convient de donner au bain d'hyposulfite, puisque plusieurs circonstances essentiellement variables, peuvent accélérer ou retarder la formation de la teinte qu'on désire donner à l'image. Cependant on peut dire, en thèse générale, que le minimum de l'immersion doit être au moins de deux heures; et si avant ce temps l'image était arrivée à la période où elle commence à se dégrader de ton, ce serait une preuve qu'elle n'a pas été suffisamment impressionnée à la lumière, et l'on pourrait craindre qu'elle ne se trouvât pas fixée d'une manière permanente. Il nous est arrivé de prolonger le bain d'hyposulfite pendant 8 et 10 heures pour amener l'épreuve à la teinte noire que nous recherchions; au surplus, comme on peut suivre des yeux l'opération, on saura toujours l'arrêter à point et à la teinte qu'on désirera, lorsqu'on aura observé une fois la série des couleurs qui se succèdent. Nous devons faire remarquer toutefois que les épreuves, lorsqu'elles sont dans le bain, paraissent toujours un peu plus pâles qu'elles ne le seront en définitive après avoir été séchées. Il faudra donc avoir égard à cette circonstance dans l'appréciation de la teinte qu'on désire obtenir.

Avant de terminer, nous allons présenter en quelques mots le résumé des phénomènes qui s'accomplissent pendant la durée du bain d'hyposulfite. On y remarque trois périodes bien distinctes : dans la première, l'image, d'abord à l'état d'ébauche grossière, se dégage de la couche épaisse d'azotate d'argent sous laquelle elle était en quelque sorte ensevelie, et elle apparaît jusque dans ses moindres détails; la seconde peut être regardée comme la période *colorante* : c'est celle où l'épreuve arrive progressivement du brun pâle au noir le plus foncé; vient ensuite la troisième période, celle où l'image, après avoir atteint son maximum de coloration, se dégrade peu à peu, et arriverait à une entière destruction, si on prolongeait l'immersion jusqu'à ses dernières limites.

L'épreuve ayant été retirée du bain d'hyposulfite, on la plongera dans un vase rempli d'eau ordinaire, et on l'y laissera séjourner 8 à 12 heures pour faire disparaître jusqu'à la moindre trace d'hyposulfite; on la séchera ensuite au moyen de papier buvard, et elle se trouvera complétement terminée.

CONCLUSION.

Qu'il nous soit permis, en terminant ce petit traité, de payer un nouveau tribut de remerciements à M. Blanquart au nom de tous les amateurs de photographie. Grâce à ses recherches persévérantes, et surtout à son désintéressement, le public se trouve aujourd'hui doté d'un procédé dont les résultats sont déjà très-remarquables, et qui recèle un avenir encore plus brillant. Il n'est pas douteux, en effet, que la photographie sur papier, lorsqu'elle sera devenue familière aux amateurs, ne prenne entre leurs mains les plus larges développements, et qu'elle n'arrive bientôt à la perfection. On lui doit déjà d'avoir donné naissance à un nouvel art rempli d'agréments, *l'auto-photographie*, que M. Mathieu vient de rendre public dans une brochure remarquable par la clarté du style et par la précision des détails qu'elle renferme.

Nous ne saurions donc trop engager les personnes qui se livrent aux expériences photographiques à se lancer dans cette nouvelle voie, elles y trouveront une nouvelle source de jouissances, et le perfectionnement de la photographie sur papier est un but d'une assez haute portée pour stimuler leurs efforts.

PARIS. — IMPRIMERIE DE FAIN et THUNOT, RUE RACINE, 28, PRÈS DE L'ODÉON.

www.ingramcontent.com/pod-product-compliance
Lightning Source LLC
Chambersburg PA
CBHW050730070726
47597CB00009B/3865